昨夜，你在我的梦里

You Were in My Dream Last Night

高觀罄

Gao Junqing

美商EHGBooks微出版公司
www.EHGBooks.com

EHG Books 公司出版
Amazon.com 总经销
2020 年版权美国登记
未经授权不许翻印全文或部分
及翻译为其他语言或文字
2020 年 EHGBooks 第一版

ISBN-13：978-1-64784-014-3

作者简介

　　高觏馨，本名高峻卿，于 1983 年山西大学历史系毕业后即到西藏亚东工作，后又回到山西侯马，相继从事教育、新闻、机关各种工作。

　　虽然长期身处基层，但勤奋笔耕，近年来作品有山西人民出版社出版的调研文集《窗台上的一抹春色》、历史文化研究文集《女人，改变了历史》和长篇小说《家有老大》。有凌零出版社出版的长篇小说《为你落凡尘》和诗集《那片绿色的山谷》。

内容简介

　　每个夜晚，她都用自己的美图将他的梦境描绘成星光闪耀；每个清晨，他都用自己的诗文将她的心园装点成风花雪月。他和她隔山隔水，却心心相印。

　　诗是生活的回忆，也是他和她的故事的记载。

目录

1．又雪

又是一夜春雪，

白了枯树枝头。

寒气掠过东门，

雀儿傲娇风雪。

极目空蒙宇宙，

无非人间闲事。

北国男儿浩烈，

不外寒气冲霄。

南域女儿情柔，

定是热风熏染。

世事冷暖不均，

原来皆是自然。

2019.2.10

2．琴韵柔情

虎啸深谷为汝鸣，

花开园里为伊香。

濛濛细雨洒江天，

萧萧琴声送春寒。

2019.2.23

3．茶香情暖

花儿朵朵春意浓，

一杯香茶暖心扉，

双手合十谢君意，

千里宛若在身边。

2019.2.24

4. 禅意幽情

满园春色尽禅意，

一朵祥云天际扬。

凝眸回首天涯远，

玉臂环绕在咫尺。

2019.2.25

5．遇见你

遇见你，是我生命里最可贵的节点；

想着你，是我心绪里最充盈的细胞；

见你想你，是未来最期望的延续。

在未来的日子，我将

有茶与伊同饮，

有饭与伊同食，

有花与伊共赏，

有月与伊同圆。

2019.2.26

6. 桃花玉臂

一枝桃花如玉白，

清风习习扑面香。

美人东门伸玉臂，

遥遥远方牵子手。

2019.2.27

7．很多时候很多人

很多时候，张开双臂就想飞出去，

就像鸟儿一样。

很多时候，牵绊又很多，

就像很多人一样，

望着远方，脚步难移。

看看古时候，有大作为者，

定是历千万山水，集天地精华者。

今时也有广游世界者，

但思想匮乏，如邮差般，

完事后至多说，某人到此一游。

哎，意念至此，如在椒陵的山谷飘移……

2019.2.28

8．山海寓情

窗含东海，情似幽幽海，却比海要深；

花映西山，爱如亭亭山，堪与山比高。

朝露落花蕾，让爱更高洁；

朝阳铺大海，情比金更坚。

2019.3.1

9. 雨中禅梦

晨钟铛铛惊深梦，

梦里梵呗声声入。

暮鼓频频震禅田，

禅田似海绵绵意。

今日小雨天惆怅，

雨点啪啪敲地皮。

恰逢周末欢颜众，

欢声哈哈动虚空。

2019.3.2

10. 小院听禅

深谷林密鸟更鸣，

广厦禅深心如潭。

庭院虽小千竿竹，

纸如蝉翼存万法。

2019.3.3

11．红淡绿浓

春已渡，夏未交，

远山望尽心难空。

红未颓，绿更浓，

手抚花蕊鼻嗅香。

2019.3.4

12. 子是哪一朵

鲜花无量满山崖，

朵朵姹紫嫣红，

玉指轻触正欲折，

心血来潮忽一问，

哪一朵是子？

佳人远眺，亭亭玉立山巅，

抬眼极目望断，

何时可执手？

2019.3.5

13. 杨柳洒水

春意催青杨柳枝，

观音慈悲持净瓶，

杨柳洒水遍三千，

润我心怀湿我身。

2019.3.6

14. 花献佳人

一束鲜花捧眼前，

正是心潮逐浪高；

朱唇微启欲言时，

两眼已经泪婆娑。

登高不为能望远，

只因佳人在远方；

清风浮云载我意，

全是一片卿卿心。

2019.3.8

15．云水龙凤日

云朵清莹，傲慢的面孔透露出不屑。

灰暗的天空，刻意张扬着云朵的傲慢，

让她信马由缰地随意飘散。

水流湍急，卑微的躯干表现出萎缩。

碧绿的山野，努力遮掩着水流的卑微，

让她一路浅唱曼舞走向大海。

怎奈天地轮回，龙飞凤舞九天澈，

云朵凝聚化作无数雨滴扑向水流，

水流蒸腾形成雾气飞升成云。

水是云？云是水？

水成云，云化水。

2019.3.8

16．二月二

瀑声喧彻水流远，

醉卧涧石听松涛。

清滢碧玉美人石，

山花烂漫龙凤日。

注：恰逢阳历三月八日，故称龙凤日。

2019.3.8

17．寻芳菲

乌云翻滚急雨迫，

暖气蒸腾烈日升，

双目交睫寻芳菲，

暗香浮动烟空远。

2019.3.9

18．情缘绕日月

枝疏叶密笼烟云，

玉盘光影照小楼，

芙蓉帐里映彩灯，

谁家红袖扶案头？

风摇波兴旌旗动，

荷塘黄莲绕画舫，

碧水压在薄雾里，

公子翩翩岸边行。

2019.3.10

19. 伏草吟

乌云密聚尽诡异，

青石嵯峨多危岩。

伏草何惧风萧萧，

日落山头金光幻。

2019.3.11

20. 梅花落处

江水声声，梅花零落，

春风拂面江南岸。

望美人，长发妖娆随风飘，

蔓草湿衣绿如茵。

但惋惜，江流凌波舟行慢，

清风烟雨落无着。

心切切处只惟愿，

与伊携手，与子同歌，

相伴相随走天涯。

2019.3.12

21．佳人远眺

天高云淡峰凝翠，

清风高树动帘幕，

佳人散漫未梳妆，

芙蓉帐前倚朱栏。

残阳如血照远船，

波光潋滟水生烟，

极目远眺云暗度，

故人千里送秋波。

2019.3.13

22．心湖净妙

碧树高耸青空寂，

心湖淡然水寥廓。

顽童掷石投湖心，

净水忽起层层浪。

2019.3.14

23．两情难却

一枝桃花如胭脂，

洗尽春色向夏日。

烟雨银河桥难觅，

牛郎织女心焦切。

大鹏金翅锁天涯，

千古情事泪满襟。

但看春江花月夜，

烟波浩渺闭花船。

2019.3.15

24．风送香

斜阳冉冉升，

万花瞬间开，

风从山峦起，

送香到伊家。

2019.3.16

25. 指间音

窗前梧桐耸，

琴室半阴晴，

指下金弦舞，

心音传广宇。

2019.3.16

26. 梦里佳人

春风調弄百枝新，

枯树逢春翠复绿。

碧天迢递彩云飘，

湖光山色照新桥。

昨夜残寒浑不睡，

梦与佳人同衾眠。

一年一度花烂漫，

与君桥上听风雨。

2019.3.17

27. 烟雨青波

檐前百竹兆富贵，

窗里秋波动山色。

空蒙烟雨隐身形，

踩着云头登天梯。

2019.3.18

28．雨中咖啡

金台玉盏相对视，

雨细风斜闭窗扉，

手捧咖啡香浓郁，

鲜花映面露娇羞。

2019.3.19

29．花弄琴

春意空寂寥，

斜阳弄晴明，

伊人摘得花一朵，

几番逢迎于心扉。

暗影浓无边，

月色照花下，

君子抚琴清一曲，

只为唤起梦中人。

2019.3.20

30. 情缘相依

花瓣凋零落频频，

只因寒料峭。

香茶尊前有佳人，

皆是情缘切。

花草覆大地，

花草何曾欠大地？

卿卿卿卿卿，

卿卿何谈负卿卿？

2019.3.21

31. 读书时节

今日好风光，正是读书时，

　　轻荫淡淡遮阳炎，

　　青衣女子在书中。

燕子剪柳枝，花台烟缥缈，

　　斜风无力薄寒退，

　　摇扇公子倚栏闲。

2019.3.22

32．读白居易"忆江南"感

古人名句在前头，

难觅新词到心头。

若说江南最好处，

还是椒陵太平亭。

亭榭绵延十数里，

两侧绿色引天慕。

更有佳人在画中，

惹得古人心荡漾。

注：椒陵太平广场附近一路长亭，不知何名，且名太平。

2019.3.23

33．一朵野花

像许多大自然里的小草小花一样，

她就是一朵很平淡的鲜花，

生长在一片繁星点点的山谷里，

不出名，不出色，

即没有牡丹的富贵，

也没有玫瑰的娇艳，

既没有黑郁金香的浓郁金香，

也没有玉堂富贵的清香淳厚，

她不倨傲，不娇气，甚至不自信。

然而，她极幸运，

她被一个美人发现，

纤纤玉指摘下了她，

将她插在一支精细的玉瓶里，

从此，有一双黑亮的眸子天天欣赏她，

一支灵巧的鼻子天天闻嗅她，

她开始受宠若惊。

然而，

她也不能摆脱花无百日红这一定律，

她终于无法进水，

她终于变得垂头丧气，

终于萎缩，枯萎。

一天，她终于被那只纤纤玉手

从花瓶取出来扔掉。

于是，

她又在风中忽闪着憔悴的花叶，

逍遥地窸萃着。

2019.3.24

34．吃苜蓿面片

午饭吃的是苜蓿面片，风卷残云般吃完，
倒头便睡，梦里也是苜蓿花。

满腹心事入花香，

一城烟柳寻归处。

半掩书卷倚石台，

苜蓿花气浸心腹。

千般闲情万般愁，

尽随烟云卷春风。

醉卧銮蹋覆锦被，

梦里一地苜蓿花。

2019.3.25

35．海棠佳人

慵懒十分卧高床，

掀落锦被侧身倚。

搜肠刮肚觅新句，

奈何新词风吹散。

起身推窗向外看，

一树海棠庭前开。

两眼惺忪正迷离，

原是佳人在眼前。

2019.3.26

36．心头莫挂年月日

天若有情天亦老，

人若心平何惧老？

人生半百须臾间，

除却闲愁心未老。

若像彭祖八百岁，

今人胎毛尚未退。

人生得意须尽欢，

何必寂寂于年岁。

2019.3.26

37. 风里相思

陌上红满地，天上碧云连，

燕子窗前秀春色，

奈何春色已迟暮。

池边烟柳翠，山峦斜阳黄，

佳人亭里独听风，

微风也化相思泪。

2019.3.27

38. 诗意为卿

诗里有画风，

画里存诗意。

诗意为卿卿，

卿卿在画里。

2019.3.27

39．岭上看花

花盛山岭春不静，

风吹湖面波难平。

晴空好日赏花时，

携手佳人陵上行。

2019.3.28

40. 紫藤花未开

春暮依旧寒气重，

石屋衾薄难入眠。

禅深若梦思意远，

天涯明月照何人？

光影不堪挂楼角，

架上紫藤愁薄凉。

美酒尊前有笑侣，

后院桃花为谁红？

2019.3.29

41．和光同尘

有花的地方，一定有土，

有土的地方，一定有虫子，

即使有的虫子微小得看不见。

即使是插花的瓶子，一定有水，

有水就一定有飞蛾，

即使肉眼看不见。

有佛的地方，一定有魔，

即使她装成天使的样子。

有琴室的地方，一定有自以为是的琴女，

她会利用琴键制造噪声，

其实，她也是魔女，装成了人的样子。

这个世界，就是这样子，

相互依存，相辅相成，

即使是相互对立的一面，同存共荣吧……

2019.3.30

42．一支佛前花

佛前那支花，如云又似雾，

白里透着红，团团金簇锁，

婉然芝蘭香，馥郁过椿芽，

花瓣比米粒，花枝丝线颤，

佛说不爱花，爱花依然佛，

不爱是不着，爱是慈心惜。

2019.3.31

43．人家的孩子

小美妞是自己的，小美妞又非自己的，

小美妞是当下的，小美妞又是未来的，

小美妞是家里的，小美妞又是社会的。

不管小美妞，心里放不下，

管着小美妞，浑身累的慌，

明知不是自己的，付出也是社会的，

不管还是放不下。

矛盾，人就是在矛盾中纠结不清。

2019.4.1

44．花闹春意

一条干渠向东去，

六根丝弦传心语。

满园春色花枝头，

朵朵如葵向阳开。

2019.4.2

45. 心意如雨

晨昏迷暗心浮沉，

琴置案头无意弹。

窗外梨花带雨开，

惹得蜂蝶上下旋。

2019.4.3

46．杨柳败絮

弥漫天际杨柳絮，

恰似魑魅翩翩舞。

水谷之道它是害，

无奈世人多赞誉。

2019.4.3

47．蒲公英

蒲公英，黄花郎，

清明时节遍田野。

黄花堪比黄金菊，

清香透彻入茶味。

叶片胜似绿芽菜，

娇嫩新鲜拌佳肴。

汾河湾，白沙滩，

杨林布满蒲公英。

春风得意收获丰，

一篮野菜吃三天。

更有一壶黄花茶，

待君尊前把盏饮。

2019.4.4

48. 豪门红花美外景

两山夹峙一河宽，

双峰耸立半山云。

山脚豪门可罗雀，

顺流浮荡一线船。

对面西苑烟蒙蒙，

燕子轻拂绕柳飞。

红花却慕苑外景，

枝枝皆向墙外长。

2019.4.6

49. 望佳人

推窗十里望，佳人隐约中。

抬眼处，檐前挂梨花，柳絮满院飞。

曾记否，

当年海棠树下，秋千架旁，落叶满地，

一张旧茶桌，与佳人相对共饮，

同荡秋千，欢声笑语。

看旧景，佳人今何在，

惟只愿，秋千架下，何日再相偎。

2019.4.7

50．桐花的记忆

坐火车回家的路上，看见好几树桐花，一嘟噜一嘟噜的，煞是可爱。

想起小时候捡回去一簸箕一簸箕的桐花，荫干，然后碾碎，让家长在锅里稍稍一炒，加点盐，那个好吃呀，现在想着都咽口水。

小时候的花，总是和吃联系在一起的，比如枣花梨花苹果花，桃花杏花石榴花，它的果实，那个期许呀……

大凡能吃的，记忆深刻。

即使不能吃的那些野草花，也喜欢的不得了。因为那时候农村家里都养着羊，放学后就会拿着镰刀筐子去岭子上或者沟壑间割草，许多野草花羊爱吃，也就成了孩子们的最爱。

而像蔷薇海棠玫瑰黑郁金香等等，都是小说里的花儿，牡丹都很少见，更别说丁香樱花紫藤花了。

哪像现在的城里面，各种各样的花多得名字也叫不上来，都是眼睛喜欢的，不能吃，与嘴巴没关系，哈哈哈哈……

2019.4.9

51．白娘子

之一

一树的白花，

一川的白雾，

一把白洋伞，

让人想到穿着一袭白裙子的白娘子。

西湖岸边，

白娘子以伞为饵，

雨丝为线，

轻而易举就吊起许仙这条大鱼，

天意乎？人心乎？

2019.4.10

之二

一川烟雾杨柳岸，

一树樱花蔽西湖。

玉指轻握白洋伞，

千年美人白娘子。

伞做鱼饵把人钓，

雨丝为线恰逢时。

大鱼就是许汉文，

轻而易举凭天意。

2019.4.10 晚

52．折桂

旭日东升照窗牖，

湖光山色映花台，

琴声破窗穿云际，

晨曦一线射湖底。

待到春去夏阳烈，

抚琴练达弦声稔，

便去月宫攀桂枝，

摘得桂花酿美酒。

2019.4.11

53．春雨急

又是一场春雨急，

寒气凋零花瓣坠。

烟波浩渺柳丝垂，

一面山墙挂珠帘。

樱桃小花一枝秀，

无奈摇摆东风恶。

佳人亭亭门前立，

翘首观待车如流。

2019.4.12

54．衷情诉

这边风景如画，

春暮花草更艳。

柳绿衬花浓郁，

云雾向空潇洒。

多少花前月下，

尽在梦乡徘徊。

怅然漫步层楼，

微风拂面无言。

回首倚栏萧索，

两情何期与共？

待到百花开尽，

大雁一行南飞？

2019.4.13

55. 梦里情缱绻

一夜梦里情缱绻，

晨曦拂台赖床头。

起身推窗望嘉苑，

惊动黄鹂向虚空。

丰脸凝脂添笑痕，

玉指轻弹琴弦鸣。

风光流转又一日，

问君昨夜曾记否？

2019.4.15

56. 绿叶如盘接雨珠

昨夜春雨飒飒，

绿叶满盘泪珠。

今晨斜阳撒过，

愁绪烟消云散。

2019.4.16

57．游方寻君

　　是日遇史守珊老先生，送书于史，史为吾改字，峻为觐。

笛声激扬穿云雾，

皂靴无言踏山川。

一袭素衣蔽玉体，

一顶斗笠遮日月。

今日遇君方是君，

他年有君在高山。

见君觐即留身边，

不堪寻觅再错过。

2019.4.17

58. 狂风折柳丝

一夜风雨摧柳丝，

枝桠阑珊满草丛。

多情不惧狂风暴，

雨骤何减相思梦。

鲜花斜坠雕窗外，

分明袅袅向卿媚。

2019.4.19

59. 谷雨有雨

谷雨三天雨，

天知愁滋味。

幸有佳人念，

烟消云也散。

花间滴滴雨，

婉然若玉珠。

捧于佳人前，

欢声加笑语。

2019.4.21

60. 天然本色

山无高低心测量，

水本平静风起波。

翠黛不染山着色，

扁舟因水行致远。

2019.4.22

61. 心比天高

心在天边边，

身在树稍稍。

登高能望远，

放心于深情。

休怨孤身寂，

莫叹天路远。

若要是鸳鸯，

终会双双飞。

2019.4.23

62．一水向东

一水由西向东流，

满是卿卿我我心。

突遇深涧高千尺，

春花无语卿心悬。

千里之外问知否，

知了知了复知了。

2019.4.24

63. 韶华之年

一壶咖啡一枝花，

香浓尽处恰淡然。

若梦浮生日日闲，

流年似水看韶华。

2019.4.25

64. 相思雨

淡淡素花如星斗，

深邃天际梦寥廓。

素颜淡妆月逢迎，

频频入梦云撩乱。

花开百日风吹散，

香罗如烟令肠断。

无计奈何银汉隔，

唯有相思雨绵绵。

2019.4.26

65. 宫门里面的杏花

寂寞宫墙映山花，

粉红嫩白满朱门。

怎奈又是如线雨，

无情雨打杏花残。

试问门里深几许？

一弯凉月挂中堂。

旧时宫娥今何在？

梦里水乡数落花。

2019.4.27

66．桃花源

桃花潭水深千尺，

桃花树下轻舟行。

拍岸春水锁烟云，

几许清愁随水去。

佳人捧书桃花岸，

花香随风入书卷。

若能长生与书伴，

何处不是桃花源！

2019.4.28

67. 望星空

风萧萧，叶翩翩，

香罗裙带若仙子。

花深深，夜沉沉，

寂寞娘子望星空。

向来好梦最易醒，

此心犹在云梦里。

登楼凝望又徘徊，

此时情切谁能解。

2019.4.29

68．拈花微笑

一朵玫瑰一颗心，

佛陀拈花迦叶笑。

那比春尽梅花乱，

飞沙回旋如心碎。

双手合十唇微动，

心意只有佳人知。

又是一天春事了，

长日踏足花池边。

2019.4.30

69．访河津洪福寺不遇

今日去访洪福寺，

寺门紧闭挡访客。

轻扣朱门惹犬吠，

寺门如海密密音。

斜阳高挂红墙外，

一片云心落麦田。

恰遇唱疯莲池舞，

原来佛性在寺外。

2019.5.2

70．观龙门

五一游禹门口，并无胜迹，一派衰败之象。

风吹幽谷花生香，
雨洒深涧若游丝。
时令已近立夏日，
落英缤纷艳阳天。
茫茫禹迹几人知，
游人岸边羡鲤鱼。
北望龙门南看砥，
几多鲤鱼跃龙门？

2019.5.3

71. 而今教育

教育就是一池水，

任你游来又游去。

乌龟王八一池子，

天鹅入水亦成龟。

2019.5.3

附　　　　　教育的弊病之关键

握着孩子的小手，让我想到现实的教育。目前，不恰当的教育把孩子教的愚蠢了，之所以变成这样，原因尽在，不是以孩子为出发点……

一，作息时间不以孩子为出发点。本来朝九晚五很适合孩子，尤其是幼儿园的孩子的身心健康需要，但由于有的人自己要上班，或做买卖，园里也为了收到更多的学生或说是钱，迁就家长，反而害了孩子，却又不以为然，以为自己帮了家长。

二，教程安排不以孩子为出发点。幼教课程本来应符合幼儿的特点安排课程，或者学习各种文艺体育课程，或者到大自然，社会里认识自然认识社会，而不是为了所谓的安全，整天待在教室里，学习一二年级的教程。

三，幼教教师安排不是以孩子为出发点。幼教教师美其名曰是专业老师，其实，她们往往都是大学考不上才考了个幼专，可想其文化素养是何当的低。有些人因此还会把这种情绪带入工作中，不具有起码的童心，更别说爱心了。想想看，这样的人怎么能把孩子教育好呢？

四，幼教的管理者也不是从孩子的成长出发去办理幼教。他或她只是为了钱才去办的这个学校，哪有一个人是为了孩子，为了教育，为了社会？教育好办，不收税费。

五，国家幼儿教育也不是以孩子为中心，教育管理者并不具有幼教的经验，只不过是以管理约束来限制人性的发展而已。

2019.6.16

72. 白莲似乳

清风吹荷叶田田，

莲瓣似乳滴滴香。

红尘俗浪任云卷，

相思寂寥伴雨来。

鲜花易折人南北，

寒江烟雨水东西。

何日与君共尊前，

抹去愁云话情缘。

2019.5.4

73. 寄语佳人

一溪流水春山远，

松枝碧翠暮云长。

远信相问双燕语，

满目飞花闭日月。

回首佳人千里外，

把酒当歌锦瑟伴。

多少花前月下时，

怎比石屋清幽幽。

2019.5.6

74. 月季赞

他花未开此花开，

此花正艳他花谢。

花开花败花又谢，

此花正是香浓时。

2019.5.7

75. 它是小人只扰你

人间四月天，到处是烟火。

鲜花开始衰，荆棘花边生。

尔若淡然笑，它便露狰狞。

尔有三千事，它只修理你。

尔若欲行船，它必兴风浪。

尔若在行车，它就设障碍。

尔若作绿叶，它定是啮虫。

尔若作谷物，它定是硕鼠。

尔若欲安然，它即变跳蚤。

尔若做菩萨，那它必是魔！

注：低能儿，往往也是小人。

2019.5.9

76. 夏日悠情

春已去，夏安然，

斜阳穿空燕剪云。

踏碧草，看落叶，

与伊携手摘夏绿。

倚栏楯，瞻花墙，

尊前两情同啜饮。

暮云断，淡月升，

闲愁别恨弄夜色！

2019.5.10

77. 嘉园午憩

琼枝玉叶午荫下，

青砖碧瓦窗栏外，

慵懒老猫墙头卧，

斜阳斑斓照清园。

树影如筛夏蝉鸣，

伊人似醉床边倚，

相思一缕绕心间，

隔山隔水不断头。

2019.5.11

78. 美国红泸

之一

云想衣裳花想容，

花色依旧人易老。

去年看花是今日，

今日容颜却沧桑。

之二

琴弦声跃空寂寥，

声色原来最撩心。

指弹琴弦心思伊，

思伊常使念浮动。

2019.5.13

79．琴房外

夕阳正挂西楼外，

阳炎依然抚桐叶。

车流哗哗似溪川，

人影幢幢若蚁动。

放下琴弦观风景，

门外树叶正翩翩。

忽闻月季花生香，

原来卿卿掂花来。

2019.5.14

80．林中鱼钩垂

丝弦茅屋传嘉音，

群飞大雁穿林海。

条条小溪成激流，

一根细丝钓千鱼。

娘子隔岸频相望，

转身依依仍顾盼。

鱼郎弦声不相扰，

唯愿鱼儿上钩了。

2019.5.16

81. 琴房山水

清风若弦奏妙音，

流水似管伴绝唱。

娇娘抚琴结心籽，

锦瑟万千如意花。

2019.5.17

82. 因缘佳

世事忙乱皆有因，
若非前世即今生。
幸有佳人常惦念，
心如花开容颜悦。

2019.5.18

83. 佳人渡河

红伞佳人渡湍流，

白衣黑发皆摇曳。

一把红伞衬万绿，

五六石墩砥中流。

风撕树叶琴弦急，

水打石鼓响南北。

虽有声色充耳闻，

怎奈心底空寂寥。

2019.5.19

84. 心归佳人

卿卿复卿卿，

你我心贴心。

白昼虽忙乱，

闲暇归卿卿。

夜晚常思虑，

思极是佳人。

若非心相连，

焉能寻觅觅。

2019.5.20

85. 放下琴弦

　　曾练习吉他两个月，因为手指甲的原因，
加上影响心境，便放了下来。

忽然放下琴弦，

就像当初忽然拿起琴弦一样。

一切如常，

没有一点症候。

放下的那一刻，

心底没有任何舍不得的感觉，

如同当初拿起时，没有丝毫的想法一样。

这，大概就是所谓的苍天安排吧。

走向草地上那架华丽的秋千，

坐在上面，

想像着佳人就在身边，相拥着，

不时地说说情义绵绵的话语，

偶尔深情款款地看看对方，

或者轻轻地荡漾着秋千，

遥望远空，看云朵飘移，

看小鸟翻飞，看树叶婆娑，

一股凉风吹过，

浑身惬意舒畅的快要酥了，

快要化了的感觉。

我似乎没有了任何的触感，

思维好像也停顿了下来。

一种尘世不见的愉悦，

弥漫在周围。

这不就是修行的化境吗？

舍弃，舍弃对心境，

一切可能的影响，

包括人间的所有欢悦……

2019.5.22

86. 馨声彻天响

——送新绛县史守珊老先生

与史守珊老先生认识后，方知老先生给人看名字，几番磋商，更名高覩馨，记之。

踏遍千山和万水，

久寻馨馨难觅影。

今日运至得馨馨，

全仗高人巧指点。

瓦釜雷鸣是馨馨，

大器晚成仍然馨，

环宇馨馨复馨馨，

不用馨馨用哪个？

2019.5.22

87．雀儿飞

风吹草动花瓣落，

日照云浮雀儿飞。

一架云梯望虚空，

半截西楼藏云里。

丽人在东我在西，

唯有东水一线牵。

祈愿流水知我意，

心心相印匿时空。

2019.5.23

88. 颜高心少

夕阳西下容颜老，

岁月烁金心更少。

虽然日在天边悬，

心宽自然日月长。

2019.5.24

89. 曲沃一库游记

碧树装成绿萝湾，

赭红天阶随湾架。

稚子无惧沿阶爬，

天使桃园遥相望。

西苑草长风里摇，

东门树高心花颤。

佳人有约书路远，

花魁头筹谁人拔？

2019.5.25

90. 秋水含玉

——送给舞蹈培训班潘柯伊的诗

双肩侧侧暖香生，

回眸一瞥秋水含。

若说佳丽有三千，

伊人便是万中一。

琴心锦意舞色嘉，

倚栏身姿更妖娆。

最是智慧宛然玉，

清莹透彻通心扉。

2019.5.26 午

91. 旧香囊

三张旧邮票，两只旧信封，

带我走进曾经的旧时光，旧岁月。

我好像并没有可以回忆的，

或者需要回忆的东西，

过去似乎很苍白，

如同一袭漂白过的白纱，

白的可以一眼看穿千年的世界，

洞彻万年的山川。

旧景物是否依然？

旧容颜是否如故？

不周山上，我的脚印还在？

妙高山下，我的雄姿宛然？

菩提树早已渡尽劫波，成旧日风华，

真如心却在灵山腰，依旧本色。

枕边的香囊，散发着百年香味，

昨日的阳炎，飘洒在今日的花苑，

一切旧时颜色，随缘显现秋水……

2019.5.27

92． 雨中思

狂风怒号捶枫叶，

乌云翻卷盖残阳。

栅栏深沉立门外，

雨色濛濛天际暗。

佳人倩影溢心头，

莫非佳人也在思？

催雨洒向佳人前，

何时相偕看星空？

2019.5.28

93. 鹊相问

又是一个艳阳天，

喜鹊窗前叫喳喳。

伊人音声已传到，

鹊问复信说什么。

藤蔓爬山裹楼角，

核桃树下乘阴凉。

梦里梦外尽伊人，

何日才能面对面？

2019.5.29

94. 西行遥记

见阳关美图，遥想 38 年前西行进藏的一路煎熬，赋诗记之。

西出阳关风萧萧，

羌笛呜咽声悲切。

飞沙走石人踪灭，

水草树木尽枯萎。

遥想当年旧时事，

受尽哀凄在路途。

从此发誓远此路，

不做过客不驻留。

2019.5.30

95．一壶酒

生活就是一壶酒，

天地宇宙拿来煮。

江河湖海尽琼液，

与君同啸饮日月。

2019.5.31

96. 顾园见佛光

——曲沃顾炎武园游记

那日顾园里，

眼前现异象，

佛光如金聚，

一线照尔顶。

佛常身边伴，

尔等可曾知，

佛光普照汝，

汝能觉照否？

2019.6.1

97. 因缘有时

时光隧道众生行，

因缘际会各不同。

有在东来有在西，

恰似日月有进退。

有心相印花一束，

捆扎一起悦人伦。

亦有棵棵参天树，

根缠枝绕度年华。

2019.6.2

98．槐荫深深

夏日凉风十里爽，

掐红拈翠抚绿香，

啼鸟不鸣窗幽寂，

槐荫蔽户不知深。

佳人有约江南岸，

水急滔深不碍客，

惜取石榴花一枝，

顺水行船烟雨外。

2019.6.3

99．雨后赋新句

又是一夜风雨骤，

满园新绿旧红去。

清风无力推窗扉，

紫藤架下箫声跃。

赋诗拈词尽新句，

全赖佳人动力强。

一束鲜花一份情，

天天都是心上花。

2019.6.5

100．端午前夜

端午明日款款至，

粽香浓密飘窗外。

少时不知竹滋味，

至今尤恋米中枣。

最是艾叶香如故，

高高插在门楣侧。

更有佳人心中念，

梦里相望千里月。

2019.6.6

101. 回首天涯

落笔在天涯，

天涯有佳人，

笔笔天涯路上行。

回首若眼前，

眼前即是意中人，

见见皆可心。

2019.6.7

102. 银汉得渡

在天愿作比翼鸟，

风雨无碍展翅飞。

在地就作并蒂莲，

两朵莲花犀相通。

莫做织女和牛郎，

一条银河隔岸望。

勿学龙女单相恋，

粉身碎骨化泡沫。

2019.6.8

103. 心闲即神仙

人生在世难称意，

岂能无事挂心头。

凡人凡事不回避，

万事万物只等闲。

莫把小处放大观，

琐碎自然能化空。

但看世事如山水，

风景便在人心间。

2019.6.9

104. 老翁似仙

晨曦映纸灯，

烟雾笼水淀。

风弄柳丝摇，

芦苇斜影照。

小舟行浅水，

一杆钓双鲤。

天地怅寥廓，

老翁宛然仙。

2019.6.9

105. 弄春曲

佳人晨起好兴致，

推窗观景唱小曲。

一曲清唱撩春风，

隔岸尤闻琴声扬。

小曲乘风入我耳，

曲软情柔心似水。

恰似佳人广镜前，

瑜伽胴体若天仙。

2019.6.10

106. 琴声背后

琴房外面风逍遥，

心头无事纳清凉。

抬头对面叫喳喳，

一群女人如麻雀。

背后琴声正悠扬，

小童默然抚琴键。

如今长者无聊赖，

全把心念寄童身。

童肩料峭难担责，

终有一日怨老身。

2019.6.11

107．暖心人

望星空，宇宙浩渺，

可有一分一秒归吾？

察霄汉，天地洪荒，

可有一丝一毫属吾？

看世间，好山好水无数，

可有一处一款随吾？

这天下，

除却苍蝇嗡嗡，蚊子嘤嘤，小人吠吠，

唯佳人，一笑一颦，

软语柔声暖吾心。

2019.6.12

108. 昨夜梦里有伊人

晨曦照松林，

绿植变红颜。

知己梦里绕，

吾在伊梦里。

相携踏金沙，

扑面红叶香。

云雾裹山腰，

白浪拍石矶。

2019.6.14

109. 夕阳近

还是夕阳好，

晚霞光万丈。

植宁动物安，

山宓水流止。

清风亦安息，

万物竟寂寥。

苍穹悄然默，

大地声色息。

2019.6.15

110. 麦后一天

——去临汾同学处返回的火车上

烟云低压柿树梢，

燕子横穿高塔腰。

金色麦田待秋种，

麻雀辛苦捡麦粒。

细流涓涓向南去，

高山低岳似北飞。

晨钟暮鼓红尘路，

伊人何曾远梦乡。

2019.6.17

111. 笛声传情

白衣女子船头立，

长发飘飘微风扬。

一袭素衣裹玉体，

金笛声声穿云雾。

轻舟曼妙碧水间，

橹打水花鸟飞旋。

伊人借诗韵味稠，

青出于蓝胜于蓝。

2019.6.18

112．长发及腰

见你长发及腰，

便想起那首诗歌——

待我长发及腰，醉卧花海听箫……

诗歌一首又一首，

诗情画意漫长天。

见你长发及腰，

忆往昔，怎奈何，

门前刺槐已老，

屋后桃花雨打。

见你长发及腰，

看今朝，还能否，

宝刀未老斩昆仑，

仗剑天涯刺苍穹。

见你长发及腰，

长叹息，却已是，

夕阳西下人沧桑，

葡萄架下乘阴凉。

2019.6.19

113. 晨遇茶仙

窗外雨色正霏霏，

青衣仙子奉茶来。

紫色茶壶摆几上，

一杯清茶唇边香。

案边童子抱琵琶，

一曲边关赛晨雨。

更有仙子伴小曲，

看雨品茶听仙音。

2019.6.20

114．织女泪

之一

太阳把光线揉碎了，

然后洒满林间小道，

斑驳陆离的碎叶上，

宛若铺满星辰的天空，

深邃而神秘，

行走在沉香木般的枝叶上，

与佳人喁喁私语，

哪知今夕何夕……

猛抬头，

但见喜鹊架长桥，

直通瑶池不见头，

却原来，

今夕是七夕！

2019.8.15

之二

雨后彩虹架南北，

牛郎织女桥上泣。

三百六十五昼夜，

七月十五仅一天。

莫怪鹊儿传错话，

但怨王母手段辣。

命里注定就一天，

何须一年渡银汉。

2019.6.21

之三

昨日午憩梦瑶池，

王母娘娘有允诺，

银汉从此无七夕，

天天都是鹊桥会。

2019.8.16

115. 椒陵河畔

河水静静好綄纱，

树木葱茏宜乘凉。

高楼美屋玉堂上，

谁在品茗看风景？

两只白鹅浮碧玉，

一片蓝天盖四海。

岸边华船雕栏侧，

淑女红酒美公子。

2019.6.24

116. 忙碌与闲适

东涌西没，西涌东没，你还在海里翻腾的时候，我已在岸边沐浴阳光。

东边日出，西边日落，你还在头顶烈日奔走的时候，我已在如盖的华树下乘凉纳荫。

每个人都有鹰击长空的时候，每个人都有花开百日的机遇，每个人也都有优雅闲适的时光，每个人也都有淡看江湖的日子。

花开花谢终有时，日出日落无终始。

人生就是，担起该担起的，放下该放下的，一直行走在路上，直到最后一刻……

2019.6.25

117. 飞舞的书卷

翅膀在天空中震动，风儿在田野上回旋。

思想在卧室的床上隔屏偷窥，

心儿在耳边窃窃私语。

一只雀儿站在卧室的窗棱上，

频频向室内的床上张望，

就像向外偷窥的思想一样，

向内偷窥着思想？

或者，偷窥着碗里的毛豆？

毛豆在一双热乎乎的大手里不停地剥落到碗里，

就像笔管里黑色的粘液

变成一个个潇洒的字体在笔记本上一样。

没有文字的书本宛若飞在天空的翅膀，

散落在一处处犄角旮旯，

它们自然比不得唐僧四人第一次取到的无字经文，

它们大多是没有思想的废纸，

思想在屏风后面的床上，

门窗紧闭，

是无法，也是不能出去的。

天空下着雨，

心儿随风飞舞，

在密布的阴云间穿行，

它在每一个耳边停留片刻，

仿佛说着什么，

又似乎没有说着什么……

2019.6.26

118． 雨后荷塘

薄阳无力穿云层，

荷叶勉力衬残花。

强雨一场催花败，

无边荷叶却更肥。

2019.6.28

119. 梦里湖边

两只鸳鸯水上游，

一丛水仙石边生。

朱楼美影倒水面，

柳树根深扎水底。

佳丽湖边戏鸳鸯，

公子树下抚箫吟。

碧水含玉绕回澜，

几缕箫声层云叠。

2019.6.29

120．两类商人

眼下的商人，除了抬高价格，获取超额利润外，还有两类商人通过别的手段坑人：

一类，通过糊算账，在利润之外获取额外的收入。

比如，你买四个沙发巾，45 元一条，外加一条别的盖巾 50 元，老板计算器吱吱一摁，270 加 50，320。好，你付账，走人。

等你清醒的时候，怎么算的，320？找她去。

重新算，230。

老板通过颠倒数字，要坑你近百元，就那么点东西。

假如你就没有清醒过来，老板就白白地多赚了近 100 元。

再一类，在讨价还价的过程，通过随机变换商品品种及数量，以次充好，以少充多，达到额外的收获。

比如，安装断桥玻璃窗的老板，他介绍的时候说，三玻的，588元。当你隔天要安装的时候，他变了，说，你记错了，我这可以安三玻的，但安两玻的588，三玻的688。

如果你反击他，他会说，还有更便宜的，四百多的，三百多的，但把手，配件都不是原来的了。

并且，他会把窗纱，窗扇，配件另算钱，就像那些搞装潢的，采取重复收钱的办法来抬价。比如一道门，门框，门板，锁具，配件各算各的钱，好像一道门就是一个门板似的。而一扇窗户就是一个玻璃加框似的。

所有的人都不知道他们这种做法的猫腻，上当受骗被坑，是自然的了。

这是眼下最坑人的商人，常人难以识透，比那些缺斤短两的商人可恶极了。

总之，白马非马，商人非人啊！

2019.6.30

121．移动的脚步，不动的思想

脚步，

如同一个不安分的孩子一样，

总是不停地移动，

旅游，也许正是为了给它一个宣泄的出口。

思想，却一动不动，

即使是在旅游的驿动之中，

它似乎还封闭在原地，

凝固地像一块石头。

也许，比一块石头还要牢不可动，

石头虽然千万年凝结，

却正是它傲然视物的一种定力。

而他的思想，

却是死一般的沉寂。

塔尔寺喇嘛的询问，

烈日下金顶的闪烁，

旋转的经筒，

以及经筒后面那个加油的老婆婆的凝视的眼睛，

碧墙里面的长明灯和金顶下的旃檀树，

没有触动它的一丝丝羽毛；

没有日月形状的日月山，

干涸的倒淌河，

天水相连的青海湖，

甚至碧湖岸畔，

被他捡起的

那颗带眼睛的白色的石子，

连思想的门把手都没有摸到。

只有一个邂逅，

令他的思想稍有波动，如同人民公园的西湖，

被雨点敲打的小水窝，一闪而过。

那是一个路口的拐弯处，

他正自顾盼周围的景致，

一个貌若天仙，面带微笑的女子，

迎面进入他的眼睛。

这么熟悉，

我那个城市的人？

谁呢？

他的思想快速地旋转着，

同时他也微笑着迎接她的微笑。

俩人已经走的很近，

相距的平行线只有两到三步，

就那样凝视着，微笑着，

她的脚步从路的一侧向他移动，

他却向前继续，但却非常缓慢地移动脚步，

双方都斜侧身体，回首注视着，微笑着，

似乎等待着什么。

他几乎要开口问她什么，或者向她走过去，

她也驻足不前，只是依然笑盈盈地

看着他，等着他，

不过，他好像，对这突然的相遇，

没有准备好似的，还是扭头继续自己的路。

她也转身离去。

这大概就是佛说的五百次的擦身而过，

才换的一次微笑？

或者，她是前世的缘份？

更或者，她是来世的约定？

他的思想很快又陷入停滞。

他来到没有多少佛气的法门寺，

外围虚无缥缈，庞大空落，

充斥着一股铜臭气味，

高大的现代建筑，

快要接入天上的云朵，

将唐建显得更加的厚重，实际。

李白杜甫白居易，

他们灵动的思想，

让他更感到自己思想的沉寂，

他们为什么总会触景生情？

他不断地自问，

没有答案，

那就，

他突然想到青海博物馆门前的

那块碧绿如玉的大青石，

对，就像那块大青石，

享受自己思想的沉寂和凝固吧！

2019.7.14（写于宝鸡）

122. 赏荷遇雨

湖边赏荷风雨至，

无边荷香沉雨榭。

烟雨朦胧锁碧湖，

雨丝若箭刺红鲤。

荷瓣随风落浅水，

莲蓬可惧万点雨？

少不更事稚儿闹，

鱼儿浮上又沉下。

荷花亭亭似佳丽，

翘首以盼观雨色。

行人无奈霏霏雨，

但看雀儿立枝头。

2019.7.20

123．寄书边城

——记7月15日寄书于青海图书馆

晚霞向西光万丈，

身在陋室思远地。

曾因有言于故人，

万里寄书至边城。

2019.7.26

124. 两个西湖

——西宁人民公园游记

西宁有湖名西湖，寂寂无闻。

杭州亦有西湖名，名震寰宇。

东也西湖，西也西湖，

双眸遥遥相望，

东西一望越千年。

杭州西湖在江尾，西宁西湖在江源，

长江一脉相连，

东西两湖日日手牵手。

两个西湖，

东边的西湖应该叫东湖，名正言顺。

西边的西湖才该叫西湖，顺理成章。

2019.7.28

125. 天鹅湖畔

——为潘豆豆写的

之一

豆豆啊，

你就像茫茫宇宙中的启明星，

亮晶晶地闪烁在丑小鸭们的心河，

点亮丑小鸭们的心智。

你就像王母娘娘的七仙女，

玉指纤纤，

为丑小鸭们编织出飞翔的翅膀，

播撒下飞翔的梦想。

天鹅湖畔的丑小鸭们，

正在变成一只只美丽的小天鹅，

你就是那只领头的大天鹅，

你要把她们领到哪里呀？

啊，

你要带引她们，

在无垠的天际翱翔啊……

2019.8.1

之二

益笙校园天鹅湖，

湛蓝湖水碧连天，

小鸭湖里散漫游，

天鹅云里展翅飞。

豆豆宛若天仙女，

小鸭心田播撒梦，

天鹅身上编织衣，

一路乘风到天际。

2019.8.2

126. 鼓声急

推窗恰逢云头压，

惊雷滑过两耳边。

循声移步益笙园，

一群小鸭舞翩翩。

豆豆手下鼓点切，

小鸭额角汗流急。

若要小鸭变天鹅，

勤学苦练加窍诀。

2019.8.3

127. 花儿为谁开

花儿开溪边，

花香随风远。

鱼儿花下游，

却被虾儿戏。

青苔相伴生，

何曾问因缘。

花开花又谢，

几时轮回休？

2019.8.8

128．旅游的尴尬

故乡太小，

灵魂太大，

故乡留不下灵魂，

灵魂总想冲出故乡。

肉体偏实，

他乡偏虚，

他乡留不住肉体，

肉体只能偶尔外出他乡。

一番纠结，

灵魂与肉体商量，

那就让肉体留在故乡，

让灵魂游荡他乡。

于是，

满世界他乡的灵魂在飘荡，

留在故乡的，

都是没有灵魂的肉体在行走。

2019.8.9

129. 卖房记

小院沉手已经年，

早有心思要脱手。

无奈拾柴买家多，

一直未能舒心愿。

前日总算遇适者，

两下一说出了手。

恶邻心里生嫉妒，

中间挑衅搅是非。

还好买家有见识，

不受垃圾瞎搅和。

继续未竟之手续，

接着打通各关节。

注：拾柴买家，即指想捡便宜，以柴火为价买房地产。

2019.8.24

130. 云开日出

漫天愁云雨淅沥，

苍天何事发悲凉。

花叶低垂雨滴压，

宝马一路乘风行。

忽然云开日斜照，

一泓清泉山涧泻。

大地坦腹凝百香，

佳人东海喜相迎。

2019.8.27

131．风光在心

随光阴流转，依岁月起落，

一世腾跃何曾中流击水，

四面环顾哪能指点江山，

人生实难如意。

看尘埃兴否，唯胸襟坦然，

八风肆虐扫净紫金高台，

万里海浪正好禅田深耕，

心海平和最胜。

2019.8.29

132. 登高楼

——昨日登友人家高楼观景有感

岁月冉冉景凄然，

登高但见南山小。

万里浮云压心头，

愁雾缭绕高楼耸。

千亩秋葵沐晨曦，

大雁今日忽北飞。

秋风浩荡空寥廓，

美人归兮惆怅去。

2019.9.1

133. 涛声依旧

——再说教育问题

机关的许多人都说，现在的工作不好干了。

怎么不好干了呢？

讲规矩，按规矩办事的时代，

却被如许多人说成是不好干了，

看来，人们还是喜欢不按套路出牌，不按规矩办事。

甚至一些学生家长也是如此，

见过好些学生家长，有幼儿园，有小学，有初中，也有高中的，基本都是如此。

他们都说要给老师送点什么好处，一二百元，二三百元的红包转帐什么的，搞好关系，对自己的孩子多一点关注，要不然学习成绩上不去还不是害了自己孩子嘛。

现在各个领域反腐都抓得这样紧，为什么还会这样呢？

他们担心，有的老师会采取贬低，刺激，讽刺，挖苦的办法打击孩子，比如要你的孩子去家里补课，你不去，就旁敲侧击，能把一个成绩好的孩子打击的成绩一路下滑，能把成绩一般的孩子打击的跳楼自杀，这些年总有学生自杀与这不能说没有关系。

老师真是这样的吗？

如今查的这么紧，他们还是这德性吗？

还是这些有俩钱就得瑟的家长坏了规矩呢？

到底是谁的问题呢？

2019.9.9

134．至都江堰感记

昔有李白乘飞舟，

千里江陵一日还。

亦有牛车蹒跚行，

未见故人有怨言。

今有觐馨到都江，

三转飞车始到站。

到站又遇连天雨，

方知今时出行难。

2019.9.12

135. 雨色都江堰

是日正值中秋节，友人在椒陵赏月，吾在都江堰，别说看月了，连天都没有。

岷江岸畔一场雨，
一下就是三天连。
满城烟雨遮日月，
乌云压顶青山墨。
冒雨登上玉堂山，
怀远楼下眺青城。
白衣佳人撑红伞，
南桥东水万古流。

2019.9.13

136．飘洒的雨滴

九月十八号由成都返回，看到落在动车车窗外的雨滴横向移动，感之。

秋日的雨滴好多好多，急匆匆地，

从天而降，砸向地面，砸向万物。

雨滴砸到飞驰的车窗上，

速度改变了雨滴的方向，

原本由上而下，

却成了由前向后的斜线运动。

雨滴砸到一片静谧的红叶，

红叶掉到河里，

顺流漂向远方。

雨滴砸到佳人的心湖，

湖水荡起层层涟漪。

雨滴砸乱了时光的流程，

时光流逝成岁月的缩影。

雨滴，雨滴，

飘洒的雨滴……

2019.9.23

137．山水何曾分你我

前日问道青城山，

今日观潮漓江边。

晨曦醋香宁化府，

夕照酒烈杏花村。

山外山无非高低，

水中水不过急缓。

天下山水都一样，

何曾分过你和我。

金銮殿里黯幽幽，

村野大厦南北通。

走过春秋留诗篇，

何须冬夏尽自拍。

山涧闹市戏禅海，

晨雨暮雪无分别。

2019.10.12

138．寻一处没雨的地方

桃花江畔遇丽人，

烟波浩渺阴云密。

欲寻一块没雨处，

斜阳忽从云隙来。

与子牵手天地间，

一线江水疑为镜。

酥手捧水洒江天，

竹排前头笑声扬。

2019.10.17（桂林游记）

139．不老

彭祖八百才换身，

你我尤是小草心，

心若向阳花不衰，

何必常常言及老。

2019.11.28

140. 我在花语倾城
——花语倾城买房记

在诗意盎然的金山，

藏着一个诗意盎然的地方，

她有一个充满诗意的名字——花语倾城。

那是一场梦幻般的寻觅，

那是一次跨越城际的徒步旅行，

往南一万步，

向北一万步，

朝西一万步，

每一个售楼部，

都是一个短暂的栖息地，

每一个笑脸相迎的售楼小姐，

都有一场心与心的较量。

疲倦的脚步，

期待的念头，

蓦然回首东望，

峰峦叠翠的山涧，

孤峰耸立的崖前，

落日熔金，

暮云合璧，

大雁南飞，

人在天涯。

花语倾城，

在等你，等你。

2019.12.10

141. 闲户待春雨

——新冠疫情封城封路封区记

之一

一场病魔如梦魇，

家家户户闭门牖。

春来大地暖气生，

雄鸡一唱天下白。

2020.2.8

之二

人生如此这般，

飞花如云似梦。

虽说小楼东风，

自有美酒咖啡。

轻歌曼舞佳肴，

伊人风采远方。

明月光影萧索，

照的毒魔远遁。

2020.2.15

外一篇：

十只鼠夹与一只老鼠

　　某公因为一件事需到邻县曲沃打官司，不偿想该县法院的法官巨某某予取予夺，只问自己想要的东西，不要的，要么不准说，要么不理睬，一边倒式的判决，不仅令某公输的落花流水，还使被告自以为有理而变得肆虐疯狂，要砍要杀的。某公和律师都认定巨某某吃了被告的好处，可又没有证据，于是某公便向相关的衙门机构举报巨某某的无赖和低能。

　　然而，衙门机构对于巨某某这个耗子，就像是没用的鼠夹子一样，将某公推来推去，就像磨盘一样，磨得某公心里沉甸甸的，留下一道深深的阴影。

某公首先来到曲沃县政法委，见到一个李姓分管人，李说，他们是管业务的，人的问题不管。

某公又到人大一个吴姓分管人那里，吴说，他们是监管单位部门的，不是监管个体人的。

某公又到纪检委，见到一个李姓负责人，李说，这是检察院的事，找他们吧。

检察院一个姓贾的工作人员接待了某公，却说，案件还有二审，在程序中，等二审完了再说。并说，人的问题还得找纪检委。

于是，某公再找纪检委的李姓负责人，李说，你往上反映，只要他们转下来我们就管。

某公离开曲沃，来到临汾，先找到临汾中级人民法院，一番安检后进了大厅，一个固定电话，给监察部门打了几十遍，总算有一个女的搭腔，一听是投诉法官，便说，去隔壁的信访室，就挂了电话。

无奈，某公来到中院的信访室，又是一番安检，那些年轻人在他身上摸来摸去，让他感到极度羞辱。之后，一个相貌端严的可能已经退了休的人在柜台后面接待了他。对方看了投诉材料，说二审完了再说。某公说他是举报这个人的问题，违法办案，不是说案子的问题，案子只是投诉的事实。于是，对方让他到纪委部门。

临汾纪检委偏安临汾市南郊一隅，找到时已经是上午 11 点半，说是下班，不接待。在某公的一再请求下，说是外地人，算是勉强接待。一个女的接待的，她登记了一下，然后拿着相关条文，说，这要到检察院去办理，我们这里不管。

没办法，某公下午早早来到另一个角落的临汾检察院，直到两点五十他打服务中心门口的扫黑除恶电话，才出来一个人接待，姓刘，他说，他们是管职务犯罪的，得有证据，你说的这个，还是回他自己单位解决吧。

磨子转了两圈，又回到了原点。某公心里有苦难言，看着这些各种衙门机构一天牛皮吹得是打大老虎，一只小小的老鼠都没人管，他们还打老虎哩？无奈，他只好再往上走。

某公向上级纪检检察法院部门投诉后，只有山西高级法院回复说，按照相关规定，将有关事项转到分管中院。三个多月后，临汾中院如法炮制，说是转到了分管基层法院。

某公又琢磨了一个月后，便去了曲沃县法院，直接找法院的监察部门。这个部门的负责人姓贾，先是不承认自己是负责人，及至被内部人说穿之后，总算是接待了某公。贾负责人说没有接到转件，让某公再留下一份材料，并说等消息。

然后，泥牛入海，自此音讯全无……

2019.5

昨夜，你在我的梦里

You Were in My Dream Last Night

作　者／高覼馨

出版者／美商 EHGBooks 微出版公司

发行者／美商汉世纪数字文化公司

台湾学人出版网：http://www.TaiwanFellowship.org

印　　刷／汉世纪古腾堡®数字出版 POD 云端科技

出版日期／2020 年 5 月

总经销／Amazon.com（亚马逊 Kindle 电子书同步出版）

台湾销售网／三民网络书店：http://www.sanmin.com.tw

三民书局复北店

地址／104 台北市复兴北路 386 号

电话／02-2500-6600

三民书局重南店

地址／100 台北市重庆南路一段 61 号

电话／02-2361-7511

全省金石网络书店：http://www.kingstone.com.tw

中国总代理／厦门外图集团有限公司

地　　　址／厦门市湖里区悦华路 8 号外图物流大厦 4 楼

台湾书店购书专线／0592-5061658、6028707

定　　　价／新台币 450 元（美金 15 元／人民币 100 元）